AF450349

LILLE — Imprimerie de VANACKERE fils

DE LA
BETTERAVE A SUCRE.

Par C. HANNEQUAND-BRAME.

> . . . . . Dans le sein d'une terre inconnue
> Ne va point vainement enfoncer la charrue.
> VIRGILE, *trad. de J. Delille.*

A LILLE,

CHEZ VANACKERE FILS, IMPRIMEUR-LIBRAIRE, PLACE DU THÉATRE, 10.

A PARIS,

Chez Mme HUZARD (née VALLAT LA CHAPELLE), rue de
l'Eperon, 7.

A la Librairie scientifique et industrielle
de L. MATHIAS (Augustin),
quai Malaquais, 15, en face du Louvre.

—

1836.

DE LA BETTERAVE A SUCRE.

CHAPITRE PREMIER.

De la Betterave.

La betterave, destinée à améliorer si puissamment notre agriculture par la bonne préparation que demandent les terrains qui doivent la produire, mais surtout par les sarclages et les binages nombreux qu'elle exige, paraît être originaire des parties méridionales et maritimes de l'Europe.

Cette opinion pourrait être contestée car on ne la retrouve plus dans l'état sauvage.

Le célèbre agronome, Olivier de Serres, en parlait au seizième siècle comme d'une plante nouvelle récemment apportée d'Italie en France. Depuis lors elle tomba dans l'oubli jusqu'au moment où l'abbé de Commerelle publia en 1784 un mémoire sur la betterave champêtre appelée en Allemagne racine de disette où elle était cultivée depuis long-temps pour subvenir aux plantes fourragères dans la nourriture des

1

bestiaux. Il la préconisa fortement. Mais cette culture était encore fort limitée quand arriva le blocus continental.

Pour suppléer au sucre de canne qui nous parvenait à un prix très-élevé, on chercha à extraire le sucre que Margraff avait reconnu dans la betterave. Ce fut Achard, chimiste allemand, qui trouva d'abord le moyen le plus économique de l'obtenir. Il employa une variété dite de Silésie à racine blanche, conoïde et très-ferme. C'est encore celle-ci que l'on cultive pour l'extraction du sucre. Ses expériences furent reprises et variées par les chimistes Chaptal, Proust, etc. Napoléon encouragea beaucoup leurs travaux. La culture de la betterave prit alors une marche assez rapide, qui se ralentit quand arrivèrent nos revers de 1814.

Bref, grâces à la persévérance de quelques manufacturiers agricoles, elle reprit son essor en 1825 et années suivantes. Son extension s'augmenta tellement, qu'elle couvre à présent (1836) en France, au moins 20,000 hectares de terres labourables et même selon toutes les probabilités avant 1840, si le Gouvernement n'entravait pas cette industrie, 50,000 hectares seraient cultivés en betteraves qui pourraient rendre au moins cent millions kilogrammes de sucre brut.

CHAPITRE DEUXIÈME.

Caractères botanique et variétés de la Betterave.

La betterave se place dans la famille des chénopodées de Jussieu, et dans la pentandrie-dyginie de Linnée. Elle fait partie d'un genre appelé poirée ou bette, qui forme les trois variétés suivantes qui sont bisannuelles, herbacées, alimentaires, d'une hauteur variable de un à cinq pieds ; la tige est rameuse surtout dans la partie supérieure, les feuilles sont simples et alternes, les fleurs poussent .vers les sommets de la tige et des rameaux, elles sont petites, sans corolle, le calice à cinq divisions renferme cinq étamines et un ovaire, chargé d'un style épais à deux ou trois divisions. Le fruit est une semence réniforme attachée dans la base du calice qui est persistant.

1° La poirée, vulgairement appelée la bette ; on mange ses feuilles cuites et mélangées ordinairement avec l'oseille.

2° La carde-poirée ; on mange quelquefois les côtes de ses feuilles.

3° Enfin la betterave qui présente plusieurs variétés, qu'on a encore subdivisées en plusieurs sous-variétés, dont le nombre augmentera de jour en jour, d'autant plus qu'elles seront récoltées sur des terrains dont le sol et le climat seront plus ou moins variés.

Sans nous attacher rigoureusement à toutes ces divisions, nous distinguerons les variétés dont les caractères sont les plus tranchés et les moins fugaces.

Première variété. La betterave champêtre ou de disette; les pétioles blancs, la racine fusiforme, blanche à l'intérieur et à l'extérieur, sort beaucoup de terre pendant sa végétation et acquiert un volume plus considérable que toutes les autres variétés. L'abbé de Commerelle la recommanda comme un excellent aliment pour les bestiaux. On les nourrit une partie de l'été avec ses feuilles qui prennent beaucoup de développement, et qu'on coupe à plusieurs reprises, en prenant toutefois la précaution de n'enlever que celles qui ont acquis toute leur grandeur. A l'automne on arrache les racines qu'on met en réserve pour l'hiver. Plusieurs cultivateurs ont observé que cet aliment engraissait fort les vaches, mais qu'il ne favorisait pas autant la production du lait.

Elle a deux sous-variétés : la première à pétioles roses, racine rose en dehors et offrant à l'intérieur des cercles concentriques roses et blancs.

La deuxième sous-variété à pétioles rouges, sa racine rouge très-longue, contournée, peu grosse à son centre et se terminant en s'amincissant rapidement, croît beaucoup hors de terre. On l'appèle, dans quelques provinces, corne de vache.

Deuxième variété. Pétioles des feuilles d'une couleur rouge de sang, racine oblongue et rouge. Cette betterave est souvent cultivée dans les jardins pour être mangée cuite en salade ; quand on la sème en campagne, et à des distances moins rapprochées qu'on ne la tient dans les jardins lorsqu'on veut en faire un aliment pour l'homme, elle peut donner un produit presqu'aussi considérable que la betterave à sucre dont nous parlerons plus loin.

Troisième variété. La betterave jaune, dite de Castelnaudary, a les pétioles de ses feuilles jaunes ou jaunes-verdâtres ; sa racine, souvent très-longue et très-grosse, a la peau et la chair jaunes. Ses feuilles sont très-fortes et très-nombreuses. Elle a été cultivée pour en extraire du sucre : presque tous les fabricans l'ont abandonnée ; ils avaient remarqué que son jus décélait un ou deux degrès de moins que la betterave de Silésie, quoique mises toutes deux dans un même terrain et ayant reçu des proportions égales d'engrais. Elle dégénère très-facilement ; il arrive qu'un champ, semé avec toutes graines provenant de betteraves jaunes, donne un sixième et quelquefois même davantage de bettcraves à peau rose et à chair blanche, ou à peau jaune et à chair blanche.

C'est la variété qui est la plus susceptible de se subdiviser.

Quatrième variété. Betterave blanche de Silésie : pétioles blancs ou verts pâles ; sa racine pyriforme, arrondie, plus courte que les autres variétés croît entièrement dans l'intérieur du sol, à moins qu'elle ne trouve une terre peu profonde, alors la partie supérieure repoussée en dehors et soumise à l'influence de la lumière, verdit, et le jus qu'on en obtient est plus faible que celui de la partie qui a végété en terre. Cette betterave donne généralement moins de jus que les variétés précédentes, mais il est plus riche et les matières extractives autres que le sucre y sont dans une moins grande proportion. Elle est aussi d'une conserve plus facile, vue la plus grande densité de son suc elle résiste mieux aux chocs et à la gelée.

En la travaillant par le procédé à l'acide, Achard assure en avoir retiré cinq pour cent de sucre brut, quantité qu'on n'a jamais obtenu, en France, par le même mode, en prenant la moyenne du travail fait pendant toute une campagne.

Elle offre souvent une sous-variété à pétioles veinés de rose, à chair blanche et présentant quelques cercles concentriques roses.

Cette sous-variété semble en être une dégénérescence.

Son jus est sensiblement plus faible. On s'accorde
généralement à considérer la betterave de Silésie
comme la plus avantageuse à cultiver pour la fabrication du sucre. Quant aux autres variétés, l'opinion
des fabricans est très-diverse, les uns présentent la
jaune pour être la plus profitable après la blanche,
tandis que d'autres la rejettent et assurent avoir obtenu
de plus beaux résultats en travaillant la rouge.

Il est à croire que cette divergence d'opinions
dépend plus du sol qui produit la betterave que de la
variété.

Je suis loin d'admettre, pourtant, que la qualité
dépende absolument du terrain, je suis persuadé
qu'à culture égale la Silésienne l'emportera toujours
en richesse saccharine et sera toujours d'un travail
plus facile.

CHAPITRE TROISIÈME.

Influence des sols sur la Betterave.

C'est un fait bien reconnu que tous les terrains placés sous le même climat, ayant reçu les mêmes labours et la même dose d'un semblable engrais, ne donneront pas des produits en betterave égaux en quantité et en qualité ; cette différence il faut la chercher dans la nature du sol.

Dans ce que nous allons dire des sols et de leur influence sur cette plante, nous les considérerons indépendants des engrais qu'ils pourraient contenir. Quand nous étudierons l'action de ces derniers, nous verrons comment ils les modifient. Mais prenons d'abord bien garde que le sol le mieux amendé, s'il contient peu d'engrais, ne donnera que des récoltes chétives.

Les terres propres à être cultivées sont généralement divisées en argileuses, en calcaires et en sableuses, selon que l'argile, la chaux et le sable y sont dans des proportions plus ou moins élevées ; et enfin, en terres franches, quand ces matières, sont dans des proportions si exactes que l'action d'aucune ne prédomine. Ces dernières sont rares à rencontrer et même elles ne sont souvent franches que relativement à un sous-sol ou à une position plus ou moins élevée. Celles qui conviendraient à un sous-sol argileux, demanderaient un excès d'argile, si elles reposaient sur un gravier ou un sable très-perméable.

Les terres argileuses qu'on connaît aussi sous la dénomination de terres fortes offrent une grande difficulté dans les travaux préparatoires. Malheureusement le moment de les travailler est fort court ; quand elles sont mouillées elles se ressuyent très-difficilement et si le moment opportun n'est pas bien saisi, elles se dessèchent et forment une croute tellement dure que la force de trois chevaux suffit à peine pour la rompre.

Que ces obstacles n'arrêtent pas le cultivateur, sans des labours répétés au moins une ou deux fois et sans des hersages multipliés, il n'aurait qu'une médiocre récolte ; la terre par sa tenacité compacte n'offrirait aucune prise aux racines.

Comme ces sols sont froids pour le peu que la saison du printemps soit tardive et que les semis aient été faits de bonne heure, la graine ne lève pas et se pourrit. Si enfin la germination peut s'opérer, la racine pivotant difficilement, surtout si la sécheresse a succédé à des pluies abondantes qui ont battu la terre, sa végétation se fait en dehors, la partie supérieure de la racine verdit par l'influence des rayons solaires, au dépend de la matière sucrée qui se convertit en substance semi-ligneuse et en chlorophylle.

Les variétés qui sortent de terre viennent mieux dans les sols argileux que la betterave blanche de Silésie qui demande une terre bien légère où elle puisse se développer avec facilité.

Par des étés secs et brûlans, la betterave donne une récolte beaucoup plus assurée dans les terrains argileux que dans les sableux.

Quand une excessive humidité n'est pas mortelle pour la betterave cultivée dans les sols argileux, elle y devient énorme, surtout si on a fortement fumé avec des engrais très-stimulans. Alors malheur aux fabricans qui l'ont cultivée ou achetée, ils ne trouveront qu'une racine très-aqueuse où la matière sucrée qui y est noyée n'en sera extraite qu'en minime proportion et à grands frais.

Pour parer à ces dangers on devra faciliter l'écoulement des eaux par de profonds sillons donnés dans la direction la plus favorable selon les localités.

Ces terres trop tenaces sont allégées par des sables, des cendres de houilles, etc.; les noirs animaux, par la propriété qu'ils doivent à leur couleur d'absorber les rayons calorifiques, les réchaufferont, tout en leur donnant de la légéreté.

Les marnes calcaires, ou à leur défaut, la chaux y produisent des effets merveilleux en activant la décomposition des engrais qui restent si long-temps stationnaires dans les sols de cette nature. Elles doivent être mises avec prudence et modération dans ceux qui ne sont pas trop argileux, quoiqu'en général leur effet soit toujours très-satisfaisant.

Quand dans un pays les marnes manquent et qu'on veut y suppléer par la chaux, le meilleur moyen de l'employer est d'en former un mélange avec des cendres de bois ou de houille et avec partie double ou triple de terre végétale ou mieux encore de balayures de rues. Ce mélange se fait avec la pelle et tous les mois environ on a soin de remuer la masse pour l'aérer. Quand le moment est propice pour s'en servir, après avoir labouré la terre on y répand ce compost, on herse deux ou trois fois, ensuite l'on sème. Il est rare que par ce moyen l'on n'obtienne pas une bonne récolte quand des engrais convenables y ont été mis en suffisante quantité.

Nous dirons peu de choses sur les sols calcaires, ils sont trop peu productifs pour qu'on leur confie une culture aussi coûteuse que celle de la betterave ; de plus il a été constaté que la décomposition des engrais mis sur ces terrains était beaucoup plus rapide que sur tout autre sol, sans que la racine en profite davantage.

Il est probable que cet effet est dû à l'avidité de la chaux pour l'eau, ou encore que cette action énergique sur les matières organiques a pour fin de se combiner avec une plus grande quantité d'acide carbonique.

Les sols granitiques et graveleux ne peuvent pas non plus être cultivés en betteraves, sa croissance y serait gênée, sa racine en pivotant rencontrerait des cailloux qui la diviseraient et y donneraient naissance à des radicelles qui dans la fabrication du sucre échapperaient à l'action de la rape.

Les terrains sablonneux où le sable n'est pas trop en excès sont les sols les plus excellents pour la culture de la betterave destinée à produire du sucre, elle n'y acquiert pas un volume aussi considérable que dans les terres argileuses, mais sa qualité est bien supérieure; son jus bien plus riche renferme un sucre plus fort, par conséquent moins exposé à se transformer en sucre incristallisable pendant le travail de son extraction qui est aussi plus économique.

Ces sortes de terres sont faciles à travailler; on peut les semer plutôt; la semence y est moins long-temps à germer que dans les sols argileux, et la racine pénètre librement dans l'intérieur de ces sols légers.

Mais ils offrent le grand inconvénient de perdre facilement les parties solubles de leurs engrais entrai-

nées par la filtration des eaux dans les couches plus
basses que la terre arable.

La sécheresse y cause aussi un plus grand dommage, ils s'échauffent d'autant plus vite qu'ils retiennent difficilement l'eau.

Comme la décomposition des engrais y est plus
prompte, le sol est presqu'épuisé après une récolte de
betteraves, ce qui nécessite une plus grande dépense.
Pendant les années pluvieuses ils sont souvent très-
fertiles quand les sols argileux donnent des produits
nuls ou de mauvaise qualité.

Quand un sol est trop sablonneux, comme presque
toujours il est appuyé sur un sous-sol argileux situé
à la profondeur d'un mètre environ, il est toujours
plus facile de l'amender que les sols argileux qui ont
très-souvent une épaisseur de quatre à six mètres et
même davantage.

Les marnes argileuses y occasionnent des résultats
étonnans. Mais quand sur ces sols on veut employer
la chaux, on devra l'y mettre avec beaucoup de prudence, en petite quantité et en observant son action
sur la betterave, car quoique la chaux ne lui soit pas
contraire, un excès sur un sol déja sec et brûlant y
causerait beaucoup de dommage. On doit en faire usage
de la même manière que pour amender les terres argi-

leuses. Il est aussi très-utile que les compost soient faits depuis quelque temps afin que la chaux soit toute éteinte et en grande partie carbonatée.

C'est ici l'occasion de faire quelques observations sur les terrains boisés qu'on défriche en Belgique, dans le but d'y cultiver la betterave.

Ces sols, qui pendant la première année de leur culture sont si faciles à reconnaître par leur teinte brune et par les débris de racines à demi-décomposées qu'on y rencontre dispersées cà et là, sont spongieux, élastiques et très-légers. Ils absorbent une forte quantité d'eau et gonflent à mesure qu'ils s'humectent, au point, qu'après les gelées, les céréales qu'on leur a confiées sont presque toutes déchaussées par l'écartement que la cristalisation de l'eau a donné aux molécules terreuses.

Selon toutes les probabilités et d'après quelques essais infructueux pour récolter la betterave sur ces terrains, on peut croire que cette plante manquerait entièrement la première année et la deuxième qui suivraient le défrichement. On ne pourrait même espérer une récolte moyenne qu'après y avoir cultivé d'autres denrées pendant quelques années.

La graine de betterave y lève bien, ses premières feuilles viennent facilement, le champ présente une belle apparence, mais sitôt que la température de l'atmosphère s'élève, la plante se flétrit et meurt ; si on l'arrache, on lui trouve une racine maigre et desséchée.

Il me paraît qu'on pourrait expliquer cet effet en l'attribuant à la trop forte perméabilité de ce sol qui par sa grande porosité se laisse traverser en tous sens par l'air qui le prive de toute humidité.

Pour amender ces terrains, il conviendrait, quand ils reposent sur de l'argile, ce qui a lieu le plus souvent, de les bêcher de manière à la ramener à la partie supérieure ; on y jetterait ensuite de la chaux éteinte et on herserait fortement et profondément pour y opérer un mélange parfait, et même pour que la terre soit plus égale et mélangée à une plus grande profondeur, un labour de six à huit pouces rendrait le succès plus certain. Par ce moyen l'argile donnerait plus de compacité et la chaux favoriserait non-seulement la décomposition des racines, mais encore détruirait l'âpreté et l'acidité de ce sol dont les caractères se rapprochent un peu des terrains tourbeux. Mais, comme généralement on ne défriche ces bois qu'à une profondeur de trente centimètres, une partie des racines enfoncées plus avant dans le sol met obstacle à ce que la charrue puisse y aller chercher l'argile. Après avoir convenablement disposé ces terrains, l'assolement qui me paraîtrait le plus rationel pour espérer au plûtôt une récolte avantageuse en betteraves, serait celui-ci : seigle, avoines, pommes de terre et enfin betteraves.

Pour résumer ce que nous avons dit sur la nature des sols, nous ferons observer qu'un terrain plûtôt sablo-argileux qu'argilo-sableux réunirait les meilleures conditions pour avoir une bonne récolte en betteraves. Car l'humidité qui féconde et développe les racines, tout en favorisant la décomposition modérée des engrais, serait heureusement proportionnée avec la chaleur qui les mûrit et leur donne un jus bien sucré dont la densité marquerait 8 à 10 degrés à l'aréomètre de Baumé.

CHAPITRE QUATRIÈME.

Influence des engrais sur la Betterave.

Tout corps qui donne des produits gazeux ou liquides que les plantes absorbent pour leur nutrition est un engrais. Ainsi nous comprenons dans cette classe tous les carbonates et surtout les sous-carbonates calcaires, quoique souvent ils soient seulement considérés comme des amendemens-stimulants. Il est de fait qu'il y a dégagement d'acide carbonique, gaz éminemment le plus nutritif pour les végétaux, chaque fois qu'un carbonate se trouve en contact avec l'acide acétique ou tout autre acide produit par la décomposition des matières végétales et animales.

Chaque engrais apporte une grande différence tant dans la quantité des Betteraves que dans leur composition chimique. Un champ argilo-sableux et humide fumé avec des substances animales produira des racines d'un volume énorme, mais elles renfermeront un jus d'un faible degré. Un champ sablo-argileux, plus sec, plus facile à s'échauffer et nourri avec des engrais végétaux donnera des betteraves moins volumineuses dont le jus sera plus riche et par conséquent d'un plus grand rapport, car la quantité de sucre contenu dans le jus est presque toujours en raison inverse de la grosseur des racines.

Nous nous bornerons à examiner l'action des engrais les plus usités dans la culture de la betterave et les moyens les plus convenables pour les utiliser, savoir :

1° Les fumiers d'étables ou les litières.

2° Les engrais verts.

3° Les tourteaux des graines oléagineuses.

4° Les boues des villes.

5° Les engrais animaux.

6° Le noir animal.

7° La chaux.

8° Les cendres de bois, de Hollande et de mer.

1° Les fumiers d'étables se composent de la fiente des chevaux, bœufs, moutons et cochons, et de la paille de leurs litières impregnée des urines de ces animaux.

Cet engrais, dont l'action n'est pas trop stimulante quand le fumier de cheval ou de mouton ne le compose pas en trop grande quantité, présente le grand avantage de pouvoir être mis sur tous les sols. Comme les substances azotées n'y sont pas en trop forte proportion, la constitution de la betterave n'est pas aussi chargée de sels ammoniacaux, que le serait une racine récoltée sur un champ fumé avec tous détritus animaux. Employé sur les sols compacts et froids, par sa chaleur, son volume et son élasticité, il les échauffe, les soulève et les divise. On en obtient un bon effet lorsqu'il n'a encore éprouvé qu'une legère fermentation, il doit être enterré avant l'hiver à quatre pouces environ, pour qu'au printemps les matériaux fibreux de cet engrais soient assez consommés pour ne pas faire bifurquer la racine par la résistance qu'ils lui opposeraient. Mais il présente alors un assez grave inconvénient causé par les graines céréales et autres qu'il contient, comme elles sont plus résistantes à la décomposition, une partie qui s'est conservé intacte, germe, et par conséquent rend les sarclages plus difficiles.

Pour les sols légers il faudrait que ces fumiers fussent faits en grande partie avec la litière des bœufs et des vaches, comme leur fiente est plus froide que celle des chevaux, la fermentation y marche plus lentement. Ils sont remplis d'un excrément fluide et gluant qui lie mieux la terre. Mais comme souvent tous ces fumiers sont mélangés on devra, pour ne pas augmenter la légéreté et la sécheresse des terrains sablonneux, s'en servir quand leur décomposition sera plus avancée ; ils sont alors bruns, très-peu résistants, de plus ils salissent beaucoup moins ; le germe des graines qu'ils pouvaient encore contenir a été détruit par la fermentation : ils sont également labourés avant l'hiver, mais à une plus grande profondeur, car ces sols plus perméables donnent un plus libre accès à l'air atmosphérique que ne le feraient des terrains argileux. Mais malheureusement ces fumiers y sont de moindre durée et leur plus grande action arrive en raison inverse du besoin qu'ont les plantes de principes nutritifs. Quand on n'a pu fumer une terre avant l'hiver et qu'on la destine à la culture de la betterave, si on emploie des fumiers paifleux, leur décomposition devra être avancée et sitôt qu'ils auront été conduits sur les champs, la terre sera labourée de manière à enfouir l'engrais plus ou moins profondément selon la nature du sol.

Sur une terre qui ne serait pas trop appauvrie on peut mettre, par hectare, 25 à 30 voitures de fumier de moyenne décomposition pesant ensemble 40 à 50, 000 kilogrammes.

2° Le trèfle semé depuis deux ou trois ans est l'engrais vert le plus ordinairement usité. Après l'avoir fait faucher ou pâturer jusqu'à l'automne, on le laisse pousser, ensuite on le laboure et au printemps on donne une demi-fumure avec des tourteaux de graines oléagineuses ou avec d'autres engrais convenables.

Les Betteraves qu'on récoltera sur un champ ainsi préparé y seront d'une excellente nature, principalement si le terrain est sec. Ce trèfle en se décomposant peu-à-peu produira une humidité modérée qui sera on ne peut pas plus favorable.

Il en serait de même pour une prairie que l'on aurait retournée ; mais si le sol était humide, les racines s'y développeraient également bien et très-souvent mieux, surtout en y mettant des engrais animaux, tandis que le jus y acquérerait une mauvaise qualité ; il serait faible et peu sucré.

La fane des Betteraves qu'on coupe en faisant la récolte des racines, si elle est enterrée à la charrue, équivaut à un quart de fumure.

3° On emploie beaucoup aux environs de Lille les tourteaux de graines de colza et de lin dans la proportion de deux mille kilogrammes pour fumer un hectare préparé pour la betterave.

Les tourteaux de colza conviennent surtout dans les terres franches. Dans les terrains sablonneux qui dévorent pour ainsi dire les engrais, je préfère les tourteaux de lin, quoique plus chers : leur effet est plus durable, ils résistent mieux à la décomposition, et ils fournissent encore des gaz nutritifs quand l'action des tourteaux de colza est disparue.

Ces engrais par leur énergie se rapprochent des engrais animaux, mais comme ils ne contiennent point d'azote, ils ne déterminent pas la formation de sels ammoniacaux dans la betterave, comme le font les fumures animales.

S'ils produisent de grands effets dans les sols sableux, leur action est bien plus durable dans les argileux : là, leur décomposition est plus lente, surtout si on les a enterrés un peu profondément.

La manière la plus ordinaire de les employer, est de les pulvériser et de les répandre à la main huit à dix jours avant les semis. On les jette aussi quelquefois sur le champ quand la betterave a six à huit feuilles. On a observé que les semences jetées sur les terres en même temps que les résidus des graines oléagineuses ne levaient pas. A quoi attribuer cet effet ? Serait-il dû à l'huile que les tourteaux retiennent et qui en graissant la graine obstrueraient ses pores absorbans et par là empêcheraient la germination. Quoiqu'il en soit, ce fait a été constaté par des expériences répétées depuis plus de soixante ans. Il est absolument nécessaire que cet engrais éprouve une legère fermentation avant de le mettre en contact avec la graine de betterave.

4° La fange des rues, la boue des chemins, la vase des fossés, etc. dont la composition est si variée sont des engrais d'une nature mixte, chauds et legers qui peuvent être appliqués à tous les sols. La betterave s'en accommoderait fort bien. Mais ils présentent un grave danger ; ils infestent les champs d'une quantité innombrable de plantes diverses.

Certains cultivateurs, pour éviter en partie cet accident et absorber les acides que ces engrais contiennent, les mélangent avec de la chaux vive, ils en forment un compost dont ils ont soin de remuer la masse de temps en temps ; et au bout de deux ou trois mois, ils le répandent sur la terre.

5° Nous désignons comme engrais animaux, toutes les matières animales sèches ou liquides et plus ou moins décomposées telles que sang, chairs, os pulvérisés, urines, gadoue, poudrette, etc.

Nous voici arrivés aux engrais les plus énergiques et les plus stimulants, mais malheureusement aussi les plus dangereux dans la culture de la betterave surtout quand ils sont employés seuls et en trop forte proportion.

Il est toujours facile de reconnaître un champ de betteraves fumé avec ces engrais, les feuilles sont le plus ordinairement très-touffues, fort grandes et d'un vert très-foncé, la racine vient très-grosse, mais elle est presque toujours aqueuse, les produits azotés y abondent ; les matières extractives autre que le sucre s'y trouvent dans une plus grande proportion que dans des Betteraves cueillies sur une terre fumée avec des détritus végétaux.

Tout cultivateur manufacturier qui voudra obtenir, plutôt une forte quantité de sucre qu'un poids considérable de betteraves devra s'en abstenir, ou du moins en user avec beaucoup de prudence.

Un champ fumé avec des os pulvérisés et avec de la gadoue a donné par hectare plus de cent mille kilogrammes de racines dont le jus décélait à peine 4 à 5 degrés, et encore cette densité était due en grande partie à des matières extractives d'une nature mucilagineuse.

Ces engrais sont très-funestes sur les sols légers, ils les réchauffent trop. Au printemps, par les temps chauds et humides quand leur décomposition est très-précipitée, ils fournissent aux racines des sucs si concentrés et aux feuilles des gaz si abondans que ces organes de la jeune plante ne peuvent les élaborer, elle périt desséchée et brûlée au milieu d'une nourriture trop substantielle ; pour obvier à cet inconvénient, on les mélange avec du noir animal qui par sa propriété anti-putride ralentit la fermentation ; et par la suite la décomposition qui finit toujours par prendre le dessus s'accroît dans la proportion des besoins de la plante. Ce moyen est trés-ingénieux, il peut convenir à beaucoup de cultures, mais pour la Betterave, je crois que ces engrais employés seuls causeront plûtôt la ruine des fabricans, qu'ils n'augmenteront leurs bénéfices. Ce ne serait pas la betterave qui manquerait, mais bien le sucre qui s'y trouverait dans une minime proportion. L'extraction en serait coûteuse et la transformation du sucre en mélasse serait très-facile.

Sur les terres argileuses et froides leur action est moins nuisible, ils y produisent même de bons effets quand ils sont sagement employés, c'est-à-dire à petites doses et tempérés par des engrais végétaux.

Il faut les répandre quelques jours avant de faire les semis et donner ensuite à la terre un ou deux hersages.

Quand le printemps est arriéré et que la saison est froide et humide, la graine, stimulée par la puissance énergique de ces engrais, lève plûtôt; son accroissement plus actif la met plus vîte à l'abri de l'attaque des insectes et surtout des vers blancs plus abondans dans ces terrains que dans les sols sablonneux. Si je me suis exprimé si fortement contre l'emploi de ces engrais, ce n'est pas que je les prohibe entièrement, tant s'en faut, mais comme ils sont très-attrayants par le fort volume qu'ils donnent à ia racine de betterave, je crains que les cultivateurs n'en abusent trop.

6° Les noirs des fabriques de sucre indigène qui ne doivent plus être revivifiés sont utilisés avec beaucoup d'avantages quand on les répand sur les terres froides et compactes ; ils les réchauffent , les divisent et les ameublissent.

Ces noirs sont composés de sous-phosphate et de sous - carbonate de chaux et de carbone combiné avec des matières végétales corolantes , mucilagineuses et légérement sucrées. Ils donnent à la végétation des betteraves une activité extraordinaire. Cette activité est encore plus remarquable quand on emploie les noirs résidus des raffineries. Ce n'est pas étonnant , car ceux-ci contiennent en plus de l'albumine animale provenant du sang employé dans la clarification des sirops.

Ces noirs sont aussi très-précieux sur des sols légers pour modérer la fermentation trop facile de certains engrais ; quoique généralement ils soient mieux placés sur les terres fortes.

7°. La chaux est très-utile sur les terres fortes , humides et compactes, elle les sèche , les divise et les échauffe. Je lui ai vu produire des effets surprenans sur des terres qui semblaient entièrement épuisées après avoir été cultivées quinze années consécutives sans recevoir d'engrais et qui ont doublé leurs récoltes pendant deux ans, après avoir reçu huit mètres cubes de chaux par hectare.

Il est vrai qu'on avait défoncé le sol plus profondément qu'on ne l'avait fait jusqu'alors.

Quelques cultivateurs répandent la chaux réduite en poudre par l'immersion. On fait beaucoup mieux en la mettant en tas, soit avec des terres extraites des fossés soit avec des cendres de houille, mais mieux encore avec des balayures de rues. Peu-à-peu la chaux s'éteint par la pluie ou en absorbant l'humidité répandue dans l'atmosphère. On peut aussi de temps en temps retourner la masse à la pelle. Au bout de quelques mois on peut faire usage de ce compost.

Quoique la chaux ne soit pas absolument contraire aux sols légers, elle y est moins nécessaire, mise en excès elle les appauvrit, et tout en leur donnant un peu de corps, elle augmente la propriété qu'ils ont déjà, de décomposer très-vite les engrais.

8ᵉ Les cendres de bois, de hollande et de mer possèdent des propriétés qui les rapprochent de la chaux. Ce sont des stimulants plus vigoureux. Quoique leur action soit plus énergique ils dessèchent moins les sols parce que les sels alcalins qu'ils renferment attirent l'humidité de l'air. Mais il vaut mieux employer la chaux sur les terres destinées à porter la betterave; car autrement sa racine pourrait contenir des sels à base de potasse et de soude que la chaux décomposerait dans la défécation. Ces alcalis rendus libres porteraient une action funeste sur le sucre et en détruiraient la cristallisation.

Pour conclure ce que nous avons à dire sur l'influence des engrais, nous admettons, pour règle générale : que la betterave demande toujours une fumure quand le sol ne jouit pas d'un haut degré de fertilité, que l'on doit craindre de lui donner des engrais animaux en trop forte dose; enfin qu'elle préfère les fumiers de litières pourvu que leur fermentation soit assez avancée pour laisser à sa racine toute liberté de croître bien conformée et sans bifurcation, et comme leur décomposition est un peu lente, leur action fécondante se prolonge facilement jusqu'au moment de la parfaite maturité de la plante.

CHAPITRE CINQUIÈME.

Influence du climat et de la température.

Nous avons vu que la betterave paraissait originaire des contrées méridionales de l'Europe, ne pouvons-nous pas déjà en tirer la conséquence qu'elle se développerait aussi bien en Italie et dans la péninsule ibérique que dans des climats plus froids où elle vient parfaitement.

On la cultive avec autant de succès en Allemagne, en Belgique et même en Russie, que dans le nord de la France. Elle ne réussit pas moins bien dans ses départemens du midi.

Ne semble-t-il pas naturel de croire que dans le midi de l'Europe sa culture y serait d'autant plus avantageuse que la température y étant plus chaude, la matière sucrée s'élaborerait plus facilement.

Cependant, si l'on s'en rapportait aux premières expériences, cette conséquence ne pourrait pas être admise ; à l'origine de cette industrie, presque toutes les manufactures qu'on a établies dans le midi de la France ont échoué. En chercherait-on la cause dans l'inexpérience des fabricans? ou la faute serait-elle attribuée à la betterave qui n'y contiendrait en grande

partie que du sucre incristallisable, ou bien encore
la température plus élevée de ce climat, décomposait-
elle le sucre avant que le jus de la betterave assez
vite concentré ait pu échapper à son influence ? Cette
question aura sans doute été décidée par les grands
établissemens qu'on vient d'y former.

Plus **on** avance vers l'équateur plus la saveur sucrée
de la betterave, cultivée sous les mêmes conditions,
augmente, mais plus aussi sa racine devient petite.
Du reste, un été trop chaud et trop prolongé pourrait
entraver le développement de la racine, et quand les
semis auraient été faits de bonne heure, la fructification
de la betterave se ferait souvent dans l'année de la
plantation, et la racine en fournissant des principes
nutritifs à la semence s'épuiserait et deviendrait
ligneuse.

Les meilleures localités pour cultiver la betterave
dans les climats chauds, sont les lieux voisins des bois
et des rivières, où l'air est chargé d'humidité, pourvu
aussi que le terrain soit naturellement frais et meuble.

Il est probable que la betterave cultivée dans diffé-
rens climats éprouverait des modifications qui augmenteraient ses variétés, et que ces variétés seraient
plus ou moins favorables pour en extraire du sucre.

En général, la betterave pour fructifier abondam-
ment et pour amener ses racines à bien, a besoin d'un

climat tempéré, plutôt légèrement humide que sec et chaud.

Si la betterave, comme chaque espèce de plante, est nécessairement influencée par le climat, elle ne l'est pas moins par la température.

Si l'année a été humide, les racines seront volumineuses et leur jus fort léger ; par des temps secs on obtient de moins grosses racines dont le sucre est beaucoup plus riche.

Du reste, sa culture est une des moins chanceuse ; elle ne craint pas l'humidité quand elle n'est pas trop permanente, et elle résiste assez bien aux sécheresses.

CHAPITRE SIXIÈME.

Préparation du sol.

Pour espérer une belle et bonne récolte en betteraves, la terre doit être parfaitement meuble et cet ameublissement, on l'obtient par des labours profonds qui rendent la terre très-perméable aux racines.

Si, bien labourer et bien fumer sont les premiers préceptes pour le succès de toutes cultures, ces conditions sont bien plus importantes encore pour la betterave qu'on cultive, principalement, pour la racine dont la qualité est influencée par la plus ou moins grande profondeur du sol arable. Nous savons déjà combien il est essentiel qu'elle ne végète pas en dehors.

Voyons comment nous accommoderons la terre afin qu'elle soit toute disposée convenablement à recevoir la semence.

Il est difficile de dire le nombre de labours qu'il convient de donner à la terre, cela dépend, soit de la nature du sol soit des variations atmosphèriques et de beaucoup d'autres circonstances dont le détail nous mènerait trop loin.

Ordinairement on donne deux ou trois labours : même pour des terres très-fortes deux peuvent suffire quand la terre labourée avant l'hiver a été bien prise par la gelée. Alors après le dégel, elle est parfaitement friable et si des pluies battantes ne surviennent pas, un labour donné quelques jours avant de semer rend cette terre aussi meuble que les sols les plus légers.

Quand la Betterave succède à elle-même ou à une autre récolte sarclée, après avoir répandu le fumier, si c'est cet engrais qu'on emploie, on donne un labour de trois à quatre pouces à plat pour enterrer le fumier à cette profondeur et détruire le peu de plantes parasites qui auraient échappé aux sarclages. Ensuite dix à quinze jours après, un profond labour de 10 à 12 pouces est donné de manière à ce que les bandes de terre que la charrue détache restent posées de champ. Par cette disposition la terre présentant plus de surface est plus susceptible de recevoir les influences de l'air et de la gelée, et quand au printemps on y posera la herse, ses dents auront plus de prise dans la terre que si on l'avait labourée à plat.

Nous venons de dire qu'au printemps on donne un hersage, il faut qu'il soit énergique pour mieux diviser la terre et anéantir les plantes qui auraient encore levé. Après cette opération on labourera de manière à ramener l'engrais à 3 ou 4 pouces en dessous de la surface du sol. Ensuite on herse plus ou moins selon la compacité ou la légéreté de la terre, et pour parfaire l'ouvrage on renverse la herse sur le dos et on la promène ainsi sur la terre qu'on passe ensuite au rouleau. Elle est alors toute préparée à recevoir la semence.

Quand un champ ne doit pas être fumé, ou s'il ne doit l'être qu'avec des engrais de facile décomposition et qui ne sont jetés sur la terre qu'au printemps et avant les hersages, on ne donnera qu'un seul labour avant l'hiver, mais profond et à bandes dressées, et au printemps un second de 9 à 10 pouces au moins.

Enfin si l'on se proposait de cultiver la betterave après une céréale, ou un tréfle ou même encore une prairie, immédiatement après les avoir fauchés on les labourerait à deux pouces et à plat, toutes les racines renversées se dessécheraient et périraient, quinze ou vingt jours après on labourerait comme nous l'avons dit.

CHAPITRE SEPTIÈME.

Ensemencement.

Il ne suffit pas d'avoir bien préparé la terre que l'on doit ensemencer, il faut aussi que le cultivateur se soit, à l'avance, précautionné de graines de bonne qualité.

S'il n'a pas récolté lui-même sa semence (quand nous traiterons de la récolte, nous dirons comment il devra faire pour obtenir une bonne graine), et qu'il doive l'acheter, il la choisira grosse, pesante, bien nettoyée et d'une couleur d'un blanc jaune et légèrement verdâtre, indice, qu'elle est de la dernière ou avant dernière récolte et qu'on l'a conservée dans un endroit sec.

Quoiqu'elle garde sa falculté germinative pendant 4 à 5 ans, il faut toujours préférer une jeune semence ; trop vieille elle manque souvent ou elle lève tard ; ce qui l'expose davantage à être détruite par les insectes avant que la plante soit assez forte pour résister à leur rapacité ; de plus on a observé qu'elle donne une racine plus petite.

On reconnait une vieille semence à sa couleur plus fauve, et si on la plonge dans l'eau tiède beaucoup de graines gâtées prennent une teinte brune très-prononcée, si on les ouvre, on remarque que la fécule de l'amande est noircie, tandis que dans une graine bien saine elle se fait apercevoir par deux ou trois points blancs.

Lorsqu'on s'est assuré de la bonté de la semence, il faut aussi en connaître la variété. Nous avons déjà dit combien il était essentiel de cultiver la betterave blanche de Silésie, quand son jus doit servir à en extraire du sucre, car à culture égale il est toujours plus sucré que celui de toutes les autres variétés, aussi généralement est-elle la seule qu'on recherche.

Pour cela on prend une vingtaine de graines de la betterave que l'on veut essayer, on les met dans un vase rempli de bonne terre de jardin, on le place dans un lieu dont la température est de 20 à 30 degrès centigrades et on prend garde à ce que la terre soit toujours légèrement humide; dix à douze jours après, la tigelle est assez développée pour que l'on puisse observer si les pétioles portent les caractères de la betterave de Silésie. Il est difficile de préciser le moment de la semaille, quelquefois on n'a que quelques jours favorables, il faut en profiter, quand même il manquerait encore à la terre quelques petites préparations.

Quoiqu'on sème depuis la fin de Mars jusqu'à la fin de Mai, en général, le moment le plus convenable est la dernière quinzaine d'Avril. Alors les froids ne sont plus assez intenses pour endommager le jeune plant et la température est assez élevée pour hâter la germination de la graine.

Quand on a beaucoup de terres à cultiver en betteraves, il vaut mieux les ensemencer successivement de manière à ce que les moments opportuns pour les sarclages n'arrivent que progressivement. Il faut alors un moindre nombre d'ouvriers à la fois, leurs travaux sont plus continus et la surveillance en est bien plus facile.

Si nous examinons le moment des semis dans ses rapports avec le sol et le climat, nous verrons qu'il vaut mieux en avancer l'époque dans les pays méridionaux, là où l'on a à craindre les fortes sécheresses de l'été qui pourraient, si la plante était encore faible, arrêter son développement.

Dans un terrain sec et sablonneux on doit aussi semer plutôt pour éviter le même danger.

Cependant il faut prendre garde de semer trop tôt surtout dans les terres froides, la graine trop long-temps dans la terre serait sujette à pourrir, d'ailleurs la germination, s'y développant mal, la plante marcherait lentement et resterait par conséquent en péril de succomber à l'attaque du ver blanc qui abonde principalement dans ces terrains.

On a proposé pour accélérer la végétation de faire tremper la graine dans l'eau, ou dans l'urine, on a même conseillé une solution de chlorure de chaux. Tous ces procédés sont mauvais, on donne un développement trop prompt à la plante et qui ne peut pas être en rapport avec les autres actes de la végétation. Tous ces moyens ne sont pas dans la nature; laissons la faire.

A quelle profondeur doit-on enterrer la graine de betterave? pour résoudre cette question il faut savoir que trois conditions sont essentiellement nécessaires pour que la germination s'opère. 1º De l'humidité, 2º de la chaleur, 3º de l'air ou de l'oxigène.

Dans un sol sablonneux la graine peut être enfoncée de deux ou trois pouces, nous avons vu que ces terres se dessèchent facilement et présentent une grande perméabilité à l'air atmosphérique.

Tandis que dans un sol argileux, dont les propriétés sont opposées, la semence sera placée à un pouce ou un pouce et demi.

On se guidera encore pour la plantation sur la disposition plus ou moins humide du sol ou de l'atmosphère.

La quantité de semence nécessaire pour un hectare de terre varie selon les procédés que l'on met en usage pour ensemencer.

Mettons les betteraves à un pied l'une de l'autre ; pour chaque plant il nous faudra environ deux graines en supposant que l'une est dévorée par les insectes ou ne germe pas.

L'hectare comprend environ 95,000 pieds carrés, c'est donc 190,000 graines, il a été constaté que 40 à 50,000 pesaient un kilogramme, il nous faudrait donc avec le mode le plus économique de plantation 4 à 5 kilogrammes de semence.

Pour chiffre moyen nous ne pouvons pas admettre moins de 8 à 10 kilogrammes de semence, mais il arrive souvent qu'un hectare de terre n'est pas encore entièrement semé avec douze kilogrammes.

Des trois méthodes pour ensemencer la betterave ; 1° à la volée, 2° en pépinière, et 3° en lignes, les deux premières sont presque généralement abandonnées.

Le mode de semer à la volée était trop coûteux, non-seulement par la quantité de graines qu'il consommait, mais encore par la difficulté des sarclages.

Le répiquage après pépinière a toujours été peu suivi en France, quoique fortement préconisé par le savant agronome M. de Dombasle qui l'a employé pendant plus de quinze ans avec beaucoup de succès.

On reproche à l'opération du repiquage d'augmenter beaucoup la main-d'œuvre et de retarder la végétation, car la plante n'a jamais la même vigueur que si elle n'avait pas été déplantée. Mais M. de Dombasle assure que, en prenant toutes les précautions dont il donne les détails dans sa brochure sur la culture de la betterave, on obtiendrait une récolte plus considérable en racines que si l'on avait semé en place ; et que la différence dans les frais de la culture d'un hectare ne serait que de 39 francs environ plus élevés dans la méthode du repiquage, mais que cette différence serait plus que compensée par une quantité plus grande de betteraves. La 3ᵉ méthode d'ensemencement est suivie dans presque toutes les exploitations agricoles, mais les modes de la pratiquer sont très-différens.

La petite culture s'accommode fort bien de la plantation à la houe et au rayonneur, et même quelques cultivateurs ont semé à la charrue dans des terres legères. Mais dans ce cas il faut donner tout au plus trois pouces d'entrure à la charrue et labourer à plat. Le premier sillon reçoit la semence qu'une femme qui

suit le laboureur place de 10 pouces en 10 pouces ;
la terre détachée du second sillon recouvre les graines,
celui-ci n'est pas semé, mais bien le 3e, le 5e sillon
et ainsi de suite, pour que les lignes soient écartées
l'une de l'autre de 15 à 18 pouces.

Quand on sème à la houe et au rayonneur, il
convient pour faciliter les cultures d'entretien de tenir
les lignes espacées de 15 à 18 pouces.

Plus la terre est riche et plus aussi les betteraves
doivent être rapprochées les unes des autres.

Le semis à la charrue, à moins d'employer un
semoir, est le mode le plus expéditif ; dans un jour
un homme, une femme et un cheval peuvent ensemencer 75 ares tandis qu'avec la houe ou le rayonneur,
pour faire le même travail, il faudrait au moins deux
homme et cinq femmes.

La grande exploitation se sert beaucoup du semoir
de Hugues modifié pour la culture de la betterave.

Si cette machine assez compliquée est avantageuse
par la grande besogne qu'elle expédie en peu de
temps, puisqu'elle ensemence jusqu'à quatre hectares
en un jour, elle offre l'inconvénient de consommer
plus de semence que les précédents modes. Elle
exige une certaine sagacité de la part de celui qui la
conduit, il doit bien prendre garde si une des capsules

n'est pas vide, ou si quelques trous ne sont pas obs-
trués, car il arriverait alors que des lignes entières
seraient vides ou clair semées. Il est vrai que l'on
pourrait repiquer, mais ce remède est toujours
vicieux.

Cet appareil, qui ne fonctionne jamais mieux que
sur des terres d'une grande étendue, donne ordinairement aux lignes un écartement de 18 pouces.

CHAPITRE HUITIÈME.

Culture d'entretien.

Pour assurer le succès de la culture de la betterave, le moyen le plus certain, après toutes les préparations qu'elle a déja exigées, est de tenir la terre bien nette et bien meuble. C'est ce que nous pouvons obtenir par les sarclages et les binages. S'il faut que la terre soit bien fumée et bien préparée, il n'est pas moins nécessaire de la purger des plantes parasites qui finiraient par l'envahir à tel point que ce serait un veritable combat entr'elles et la betterave pour savoir à qui le sol appartiendrait.

Par les binages on augmente la fertilité de la terre, car en la soulevant on la rend plus apte à absorber les gaz nutritifs répandus dans l'atmosphère, et comme elle est plus perméable, la rosée et les douces pluies d'été descendent plus facilement jusqu'à la racine. Aussi après un binage on remarque une vigueur et une force de végétation étonnantes.

On commettrait une grande erreur, si, voyant une terre parfaitement nette, on croyait inutile d'y toucher; quand la superficie de la terre est endurcie et qu'elle forme une croute, il faut absolument y enfoncer la houe, si l'on ne veut pas voir la végétation se ralentir.

Il est très-essentiel d'éclaircir et de sarcler les bette-raves de bonne heure, c'est-à-dire sitôt que la plante a 4 à 5 feuilles, elle est alors assez forte pour supporter une façon.

L'éclaircissement se fait en sorte qu'une betterave puisse végéter seule sur un pied ou un pied et demi carré, selon la fécondité du sol. Il conviendrait même quand on désire de fortes betteraves, que les feuilles de chaque plante pussent prendre toute leur exten-sion, sans être gênées par une autre plante trop voisine.

On laisse les plants les mieux conformés quand même ils ne seraient pas à des distances bien régu-lières, car autant que faire se peut, il ne faut pas repiquer; si on est forcé de le faire, on enlève la racine avec une partie de la terre qui l'entoure et on la place dans un trou assez profond pour qu'elle soit bien im-plantée sans avoir son extrémité repliée. Malgré cette attention, toute betterave repiquée se développe rare-ment aussi bien que celle qui n'a pas été déplantée.

Les sarclages doivent être faits assez tôt pour ne pas donner le temps aux plantes étrangères de se déve-lopper avec les engrais destinés à la betterave.

Ce serait une économie mal entendue, que de bor-ner sa culture à deux sarclages. La terre durcirait, les plantes parasites s'enracineraient tellement qu'elles seraient détruites avec peine par la houe; de plus, plusieurs dont la floraison est précoce, auraient pu jeter leurs semences qui disséminées sur le sol augmenteraient la difficulté du sarclage suivant.

On ne peut pas donner moins de trois façons d'entretien à une terre en la supposant même très propre.

Le premier sarclage doit nécessairement être fait à la main, il est fort délicat et demande beaucoup de précautions. Il faudrait que les ouvriers pussent en comprendre le but et l'importance.

Les sarclages et les binages ne peuvent être faits que lorsque la rosée est dissipée, ou s'il a plu, il faut les différer jusqu'à ce que la terre soit bien ressuyée; sans cela elle fait boue sous les pieds des ouvriers qui marchant avec peu de sureté exécutent mal leur besogne.

Après le premier sarclage on se sert avec avantage du sarcloir à roue ou de la houe à cheval. Ils accélèrent beaucoup le travail, mais on est toujours obligé de faire repasser des femmes pour déraciner les mauvaises herbes qui n'ont été que soulevées, et arracher en même temps celles qui placées dans les lignes, ne pouvaient être touchées par ces instrumens sans compromettre l'existence des betteraves.

Toute betterave qui paraît malade ou piquée des vers doit être arrachée. Enfin lorsque le feuillage est fort étendu et que les sarclages ne sont plus praticables, il est encore prudent de faire parcourir le champ pour couper le sommet de la tige des betteraves qui paraîtraient vouloir monter en semence, car toute betterave qui fleurit a déjà perdu une partie de son sucre.

Il en serait à peu près de même si on l'effeuillait pour nourrir les bestiaux avec sa fane. La matière sucrée de la racine éprouve une élaboration particulière, dans le premier cas pour le développement de la fructification et dans le second pour remplacer les feuilles, véritables organes respiratoires si importants dans la végétation.

Généralement ce sont des femmes qui font les cultures d'entretien. Pour nettoyer et biner convenablement un hectare de moyenne propreté, on estime qu'il faut environ soixante journées de femme.

CHAPITRE NEUVIÈME.

Maladies et insectes.

On ne connait pas de maladies spécialement affectées à la betterave. Le pied chaud et le rachitisme sont des infirmités dont șeraient passibles toutes plantes, d'une nature à peu près semblables, placées dans les mêmes circonstances.

Le pied chaud parait être une maladie particulière aux terrains trop légers, peu profonds et fort perméables.

La racine de betterave, qui n'est pas constituée pour résister à des froids un peu intenses, et qui a besoin d'une humidité toujours assez abondante pour végéter convenablement, périt dans un sol qui se laisse trop facilement pénétrer par un air sec et froid. Le même accident n'arrive pas moins, quand la température plus chaude est accompagnée d'un vent sec.

La racine qui se trouve dans une pareille condition se dessèche et brunit, tandis que les feuilles par leur grande puissance d'absorbtion continuent encore leur végétation pendant quelques jours.

S'il survient quelques pluies, le sol se raffermit et la plante reprend un peu de vigueur, mais jamais assez pour venir à bien.

Le rachitisme n'attaque, en général, que les betteraves qui ont été mal repiquées ou qu'on a replantées dans un terrain trop maigre. Quand elles en sont atteintes, elles deviennent chétives, leurs feuilles se contournent et leur accroissement se ralentit.

Les cicatrices brunes plus ou moins profondes qu'on rencontre sur quelques racines sont occasionnées par l'ulcération de la blessure faite par la larve du hanneton, quand la racine était assez forte pour ne pas succomber.

Ces racines s'altèrent très-vite, aussi ne doit-on pas les mettre en silos, et autant que possible on devrait les travailler à part dans l'extraction du sucre, car elles contiennent des principes très-fermentescibles.

Peu d'insectes attaquent la betterave. Mais elle a un ennemi redoutable et presqu'inévitable dans les terrains argileux, nous voulons parler d'un gros ver blanc à tête brune, c'est la larve du hanneton. Pendant l'hiver elle s'enfonce à une grande profondeur dans la terre pour y vivre engourdie et sans manger. Au printemps, au fur et mesure que la chaleur augmente, elle remonte et dévore toutes les racines qu'elle rencontre. Cet animal est d'une voracité très-funeste qui fait le désespoir du cultivateur. Il est d'autant plus nuisible qu'il faut que la plante ait pris un certain accroissement pour pouvoir résister à son attaque. Sitôt qu'il touche une plante, on la voit se flétrir ; qu'on creuse la terre, on trouvera le ver blanc dévorant la racine.

Il n'est pas rare de perdre un bon tiers des semis détruit par ce terrible insecte. Pour obvier au danger d'avoir une moindre récolte dans les champs qui en sont infestés, il ne faut pas épargner la semence pour que les plantes restent encore en nombre suffisant quand elles se seront assez développées pour ne plus périr par la piqûre de ce cruel ennemi.

On a conseillé, pour garantir une terre de ces larves, d'y répandre de la chaux ou mieux encore de la suie, mais ces moyens sont bien peu fructueux. On les détruit mieux, mais encore bien imparfaitement, en faisant suivre la charrue, quand on laboure au printemps, par un enfant qui écrase toutes celles qu'il rencontre dans les sillons.

Souvent en ne labourant qu'à quatre pouces de profondeur on ne découvre aucuns de ces insectes, tandis qu'à deux pouces plus bas, on en trouve en quantité.

Il existe encore un autre insecte, bien dangereux

4

pour la betterave, c'est un puceron qui l'attaque quand elle est encore faible : quoiqu'il cause quelquefois de très-grands dommages, il est moins pernicieux que le précédent. Point d'autres remèdes pour se débarrasser de ces détestables insectes que d'en écraser le plus possible au moment des sarclages.

CHAPITRE DIXIÈME.

Récolte.

La betterave n'acquiert toute sa maturité que vers le mois d'Octobre, ce que l'on reconnait à la teinte brune que prennent ses feuilles et à leur affaissement vers le sol. Cette époque peut être variable, selon celle de l'ensemencement et selon que le temps est plus ou moins favorable. La récolte sur un terrain sablonneux est aussi plus précoce que sur un sol argileux. Quoiqu'il en soit, dès les premiers jours de Septembre on commence la déplantation pour les fabriques de sucre, elle se prolonge au fur et mesure de leurs besoins jusqu'à la mi-Novembre. Alors il y aurait imprudence à laisser plus long-temps les betteraves plantées, on les arrache toutes, sans exception, pour les mettre en silos..

Quand les betteraves sont arrachées avant leur parfaite maturité, elles doivent être travaillées de suite ; si l'on tarde quatre à cinq jours, elles se rident, se flétrissent, deviennent molles, le jus qu'elles donnent est difficile à travailler et on n'obtient qu'une minime portion d'un sucre embarrassé dans du mucilage formé en grande partie par l'altération de la matière sucrée.

Un temps moyen, ni trop chaud ni trop humide, est le plus convenable pour procéder à l'arrachage des betteraves qu'on met immédiatement en conserves, à moins qu'on ne soit dans l'intention de les travailler dans la semaine. Quand même les racines seraient un peu humides, il ne faut pas les laisser se ressuyer à l'air. Cette opération leur serait plus nuisible qu'utile; sitôt que la betterave n'est plus dans les conditions voulues pour végéter convenablement, elle doit être soustraite aux principaux agens de la végétation, c'est pourquoi elle sera mise dans des silos assez couverts, non-seulement pour la mettre à l'abri de la gelée, mais encore pour la priver du contact de l'air et de la lumière.

La betterave blanche de Silésie est la variété qui résiste le mieux à la gelée. Arrachée et laissée sur le champ elle peut supporter sans péril un froid de 2 à 3 degrés sous zéro, centigrades; plantée elle ne craint pas 5 à 6 degrés sous zéro. Mais enfin si la betterave avait gelée sur pied, il vaudrait mieux attendre, pour l'arracher, huit ou dix jours après le dégel, surtout quand on veut les mettre en silos; il parait que par la force végétative, la racine se guérit, au lieu que si on l'arrache, elle pourrit au bout de quelques jours.

On déplante les betteraves à la bêche, à la fourche et à la charrue sans versoir, mais ce dernier mode jusqu'à présent a été peu employé.

La bêche sert principalement dans les terres un peu argileuses. Un homme donne un ou deux coups de bêche pour soulever un peu la betterave, un enfant la tire par le bas des feuilles et la secoue pour la débarasser de la terre qui l'entoure ; (pour faire cette opération il ne faut pas frapper les racines l'une contre l'autre, on les blesserait et elles seraient alors plus exposées à se gâter dans les silos.) Il la remet ensuite à une femme qui avec un couteau coupe la fane un peu au-dessous du collet, elle enlève également l'extrémité de la racine. Quelquefois c'est un homme qui coupe les feuilles en se servant d'une bêche tranchante, mais alors l'enfant place les betteraves successivement et régulièrement en disposant les racines et les feuilles du même côté, et l'ouvrier parcourt les lignes abattant les collets en les frappant avec sa bêche. Pour bien exécuter ce travail il faut de l'adresse et de l'habitude. La fourche est employée dans les terrains sablonneux et même souvent dans ces terres legères, on en a peu besoin, la main, souvent, suffit pour arracher la racine.

A mesure qu'on déplante les betteraves, on les décollette et on les met en tas en attendant qu'on les enlève pour les placer dans les silos ou les conduire à la fabrique.

La fane reste éparse sur le champ ; on la rassemble quelquefois pour nourrir les bestiaux.

C'est au moment de la récolte qu'il faut choisir les semenceaux, c'est-à-dire les racines destinées à être replantées l'année suivante pour produire la graine. Celles qu'on réserve à cet usage, doivent être bien saines, d'une longueur et d'une grosseur moyenne, unies, sans bifurcation, parfaitement blanche, si c'est cette variété que l'on recherche, enfin annonçant une végétation très-vigoureuse. On coupe les feuilles, mais on laisse le collet intact. On les conserve jusqu'au printemps dans du sable et placées dans un lieu sec et frais.

Dans la première quinzaine d'Avril, on les replante jusqu'au collet à deux ou trois pieds de distance les unes des autres, dans une bonne terre et à une bonne exposition. Comme leurs tiges montent de 4 à 6 pieds, il est nécessaire de leur donner des tuteurs de 6 à 7 pieds, on les enfonce dans la terre, on entrelace les tuteurs avec de petites baguettes et on en forme un treillage destiné à soutenir les tiges pour qu'elles ne soient pas brisées par les vents.

La graine mûrit ordinairement vers la fin de Septembre. On coupe alors les tiges et on les suspend dans un lieu sec et aéré. Quelques jours après on détache la graine à la main en prenant l'attention de laisser sur la tige celles qui sont aux extrémités des rameaux, très-souvent elles ne sont pas entièrement mûres. Toutes les graines qu'on a cueillies sont étendues sur une toile placée au soleil ou dans un lieu convenablement chauffé. Quand la graine est bien séchée, on la vanne pour en séparer quelques débris de la tige, et on la met ensuite dans des sacs qu'on conserve dans un lieu bien sec.

Un pied de betterave donne environ 5 à 6 onces de bonne semence.

Nous avons vu que toutes les variétés de la betterave avaient une grande tendance à dégénérer, c'est pourquoi il faudrait la changer de terre au moins tous les deux ou trois ans, c'est-à-dire semer dans une terre argileuse, la semence qu'on a récoltée sur une terre sableuse ; et dans un sol léger et sableux, celle qui a été produite dans une terre forte et compacte.

CHAPITRE ONZIÈME.

Conservation.

Le succès ou la ruine d'une fabrique de sucre indigène, dépend beaucoup de la plus ou moins bonne conservation des betteraves. Il faut dans cette opération des précautions et des soins extrêmement minutieux. C'est là que l'œil du maître est de la plus haute importance ; et il est à croire que l'insuccès de plusieurs fabricans est autant dû à l'incurie qu'à l'ignorance des causes occasionnelles de l'altération des racines.

Pour bien diriger les travaux de la mise en silos, on devra savoir que le but de cette opération n'est pas seulement de mettre la betterave à l'abri de la gelée, mais que c'est encore pour l'éloigner des températures inégales, qui sans la geler altéreraient sa constitution. La racine paraîtrait bien saine et pourtant elle offrirait des difficultés dans le travail, que nous ne pourrions attribuer qu'à une légère fermentation latente.

Nous avons déjà dit que les betteraves, sitôt déplantées, devaient être soustraites à l'action de trois principaux corps, agens, non-seulement de la végétation, mais aussi de la fermentation, c'est pourquoi on les met en silos, afin qu'elles aient toujours une même température, (car à deux pieds sous terre la chaleur varie très-peu) qu'elles ne soient pas mouillées et qu'elles soient privées autant que possible du contact de la lumière et de l'air atmosphérique. Quand ces conditions sont bien exécutées, elles peuvent très-bien se conserver cinq ou six mois.

Je ne donnerai la description d'aucuns silos, leur construction doit varier selon les sols et les positions, mais je ferai observer les précautions et les conditions les plus essentielles pour obtenir une bonne conservation.

D'abord, le meilleur moyen pour conserver les betteraves et en obtenir une plus grande quantité de sucre, c'est de ne les arracher pour les mettre en silos que le plus tard possible ; c'est-à-dire vers la fin d'Octobre ou au commencement de Novembre, selon que la quantité de betteraves que l'on a à garantir est plus ou moins forte, ou encore selon que les localités sont commodes et faciles pour la confection des silos, les transports, etc.

Dans la construction des silos il faudra remarquer la nature du sol. Les terres argileuses sont les meilleures pour préserver les betteraves de l'humidité ; car quoique l'argile paraisse mouillée elle ne se laisse pas traverser par l'eau, comme cela arrive dans les terres sableuses ; aussi les silos qu'on fait dans ces dernières, ont besoin d'avoir des fossés creusés plus bas que le fond de la tranchée où reposent les racines.

Il y a avantage et sécurité en faisant les silos plutôt petits que grands.

On placera dans des silos à part les betteraves qui ont été déplantées par un temps peu propice, afin qu'on puisse les travailler les premières.

On prendra le même soin pour des betteraves récoltées sur une terre fumée avec beaucoup de matières animales; comme les produits ammoniacaux y abondent, la fermentation s'y établit très-vite.

S'il n'est pas nécessaire que la betterave soit bien nettoyée avant d'être mise en silos, il est très-important que toute sa force vitale soit suspendue, mais non pas anéantie ; pour cela il faut que le silos soit bien couvert d'une bonne couche de terre argileuse qui intercepte tout contact avec l'eau, l'air et la chaleur. Car si ces corps ne pourrissaient pas la racine, ils en continueraient la végétation, à la vérité, d'une manière extrêmement lente, presqu'insensible, mais qui n'en affaiblirait pas moins la matière sucrée.

FIN.

Note. Si je ne parle pas de la composition chimique de la betterave, c'est que je considère cet article comme devant appartenir à un traité sur la fabrication du sucre indigène que je me propose de publier sitôt que j'aurai le loisir de le terminer.

TABLE DES MATIÈRES

Contenues dans ce volume.

FASTES DE LA FRANCE, ou tableaux chronologiques, synchroniques et géographiques de L'HISTOIRE DE FRANCE, depuis l'établissement des Francs dans les Gaules jusqu'à nos jours, indiquant les événemens politiques, les progrès de la civilisation et les hommes célèbres de chaque règne, par Ch. Mullié, 4me édition, 1 vol in-folio, orné de cartes (sous presse).

HISTOIRE DE LA FLANDRE depuis l'invasion romaine jusqu'au 19me siècle, par Pierre Clément, 1 vol. in-18.

NOUVEAU PROGRAMME DES RECHERCHES HISTORIQUES ET ARCHIOLOGIQUES SUR LE DÉPARTEMENT DU NORD, par le Docteur Leglay, Archiviste du Département du Nord, Inspecteur des Archives communales, Membre de plusieurs académies, 3e édition revue et augmentée.

LE PALAIS DE RIHOUR, par M. Brun-Lavainne, in-8°

ROISIN. LOIS, COUTUMES ET FRANCHISES DE LA VILLE, DE LILLE, avec un grand nombre de chartes et de lettres historiques concernant la Flandre. ANCIEN MANUSCRIT DE LA BIBLIOTHÈQUE DE LILLE, publié avec des notes et un vocabulaire, par M. Brun-Lavainne, 1 vol. in-4° (sous presse).

REVUE DU NORD, sous la direction de M. Brun-Lavainne. Publication paraissant tous les mois, depuis le premier Octobre 1833, par cahiers de quatre feuilles d'impression, in-8e grand raisin, avec planches lithographiées. Prix par an 18 francs pour Lille, 21 fr. pour toute la France; 24 fr. pour l'étranger (l'Angleterre exceptée).

TABLETTES CHRONOLOGIQUES DE L'HISTOIRE DE FRANCE, depuis le commencement de la Monarchie jusqu'au règne de Louis-Philippe Ier, suivies d'un Traité des principes généraux de Géographie, d'une statistique de la France, ornées d'une carte lithographiée, par A. Réville, ancien élève de l'école d'artillerie, 2e édition, 1 vol. in-12.

TABLEAUX SYNOPTIQUES ET CHRONOLOGIQUES DE GÉOGRAPHIE, par M. H. Paradis, officier de l'université, 1 vol. in-folio. (Sous presse.)

TRAITÉ D'ARITHMÉTIQUE, classé dans un nouvel ordre, suivi de notions élémentaires d'Algèbre, pour servir d'introduction à l'étude de cette science et à celle de la Géométrie, d'après Bezout, Lacroix, Francœur, Suzanne, Reynaud, Bourdon, etc., par A. Réville, 1 vol. in-8°.

PROGRAMME D'UN COURS ÉLÉMENTAIRE DE GÉOMÉTRIE, suivant le plan du Traité de Legendre, légèrement modifié dans quelques parties, par M. R., 1 vol. in-8°.

ÉTUDES SUR LA LÉGISLATION MILITAIRE et sur la jurisprudence des Conseils de guerre et de révision, avec les principaux arrêts de cassation sur la matière, suivies du projet de loi sur le code pénal militaire, amendé par la Chambre de Pairs en 1829, par P. Legrand, Avocat, à Lille, 1 vol. in-8°.

EXAMEN HISTORIQUE ET CRITIQUE DES DIVERSES THÉORIES PÉNITENTIAIRES ramenées à une unité de système applicable à la France, par L. A. A. Marquet-Vasselot, Directeur de la maison centrale de détention de Loos, 3 vol in-8°.